AF494414

ARBRES D'ORNEMENT

DU PARC

DE

LA MALMAISON,

PLANTÉS SOUS LA DIRECTION

DE

M. BERTHAULT, ARCHITECTE.

PARIS.

IMPRIMERIE DE TERZUOLO,
Rue de Vaugirard, n° 11.
1838.

ARBRES D'ORNEMENT

DU PARC

DE LA MALMAISON.

Alisier de Fontainebleau (*Cratægus latifolia*, de la famille des *Rosacées*). Ses feuilles sont alternes, pétiolées, courtes, anguleuses et dentées. Ses fleurs font un grand effet en mai et en juin par leur nombre et leur disposition en corymbes terminaux. Son fruit est d'un rouge orangé.

Arbre-de-neige. Voyez *Chionanthe*.

Azalée (*Azalea*, famille des *Rhodoracées*). Ses feuilles, rassemblées au sommet des rameaux, donnent une apparence de sécheresse au surplus de cet arbrisseau.

Azarero. Voyez *Cerisier-Laurier de Portugal*.

Bignone-Catalpa (*Bignonia Catalpa*). Catesby en apporta en 1726, en Angleterre, des graines, des parties les plus éloignées de la Caroline. Il fleurit en juillet, et ne donne de fleurs qu'au bout de sept à huit ans. Ses fleurs forment une large girandole qui termine l'extrémité de chaque rameau ; elles sont blanches, mêlées de pourpre. Il leur succède des gousses minces et souvent longues de plus d'un pied. *Catalpa* est le nom que portait cet arbre en Amérique.

Boules de neige. Voyez *Viorne-Obier*.

Calycanthe de la Caroline *Pompadoura*. — (*Calycanthus floridus*). Originaire des parties sauvages et montagneuses de la Caroline, d'où il fut envoyé en Angleterre par Casteby, en 1726. Ses feuilles, ovales, pointues, opposées, ressemblent un peu à celles du poirier. Ses fleurs, d'un rouge brun, consistent en un calyce coloré, à divisions nombreuses, ce qu'exprime le nom, composé des mots grecs *kalyx*, calyce, et *anthos*, fleurs. Ces fleurs paraissent en mai, se succèdent pendant près de quatre mois, et répandent le soir une odeur suave de pomme-de-reinette : le bois est aussi très-aromatique.

Calycanthe précoce (*Calycanthus præcox*). Originaire du Japon et connu en Europe seulement depuis 1771. Ses rameaux sont jaunes; ses feuilles opposées, pointues, très-longues, luisantes, mais rudes en dessous. Ses fleurs tirent plus sur le jaune, et sont piquetées de points rouges ; elles paraissent dès le mois de décembre ou janvier.

Catalpa. Voyez *Bignone-Catalpa*.

Cèdre du Liban. Voyez *Mélèze toujours vert*.

Cèdre de Virginie. Voyez *Genevrier-Cèdre de Virginie*.

Cerisier-laurier de Portugal (*Cerasus Lusitanica*), dans son pays *Azarero*. Son feuillage est épais, luisant et toujours vert : ses fleurs, blanches, et en grappes nombreuses et terminales, font un très-bel effet à la fin de mai.

Chalef. Voyez *Olivier de Bohême*.

Chêne. « L'Amérique septentrionale nous offre » beaucoup d'espèces utiles, dont sa majesté l'im- » pératrice-reine a ordonné qu'on fît des semis » considérables dans ses pépinières de Malmaison, » et dont elle a fait distribuer des plants aux cul- » tivateurs, dans tous les départemens où la na- » ture de ces arbres donne l'espérance de les voir » s'acclimater. » Extrait du *Bon Jardinier*, par De Launay. Paris, 1807.

Chèvre-feuille de Tartarie, ou Cerisier-nain (*Lonicera Tatarica*). Il porte au printemps une grande quantité de petites fleurs roses en dehors, blanches en dedans. Il leur succède un fruit de la grosseur d'une groseille, et qui devient rouge.

Chicot *Bonduc* ou *Cniquier* (*Gymnocladus*).

Genre de la Décandrie-monogynie, famille des *Légumineuses.*

CHIONANTHE DE VIRGINIE (*Chionanthus Virginica*). Arbre-de-Neige. Ses fleurs, qui paraissent en juin, sont très-nombreuses, d'un beau blanc, divisées en quatre lanières larges et linéaires, et disposées en grandes grappes.

CLÉTHRA A FEUILLES D'AULNE (*Clethra alnifolia*). Il pousse plusieurs tiges rameuses, à feuilles légèrement dentées, pubescentes par-dessous, du reste un peu semblables à celles de l'*Aulne.* Les fleurs sont blanches, petites, odorantes, et en épis longs comme le doigt. On les voit au mois d'août. Il vient de Virginie.

COIGNASSIER DU JAPON (*Cydonia Japonica*). Arbrisseau tortueux, diffus, épineux. Ses feuilles sont ovales, oblongues, finement dentées, luisantes ; ses fleurs paraissent en avril et mai, elles sont latérales, groupées, d'un beau rouge foncé.

CYPRÈS A BRANCHES ÉTALÉES, et CYPRÈS PYRAMIDAL ; ce sont des variétés du CYPRÈS COMMUN (*Cupressus semper virens*), produites indifféremment par les semences du même individu.

CYPRÈS CHAUVE, ou à feuilles d'acacia (*Cupressus disticha*). Ses feuilles sont petites, linéaires, pointues, molles, longues de six à sept lignes, et rangées comme celles de l'acacia. Il croît spontanément en Caroline, en Virginie et à la Louisiane, dans les lieux humides ou marécageux, même dans l'eau.

CYTISE DES ALPES AUBOURS (*Cytisus Laburnum*). Arbre de moyenne grandeur, connu encore sous le nom de *Faux-Ébénier*. Il se trouve dans nos forêts, où on l'appelle *Arbois* ou *Bois d'Arc*. Au mois de mai il produit un nombre infini de grappes terminales, longues et pendantes de fleurs jaunes. Il a une variété à feuilles panachées; une autre à larges folioles, appelée *Ébénier odorant* (*Cytisus laburnum latifolium*), dont les fleurs, jaunes aussi et en grappes pendantes, ont de plus une petite odeur agréable.

ÉBÉNIER. Voyez *Cytise des Alpes*.

ÉRABLE COMMUN OU CHAMPÊTRE (*Acer campestre*). Ses fleurs, d'un blanc verdâtre, sont en grappes courtes. On l'appelle encore *Petit Érable des bois*.

ÉRABLE A FEUILLE DE FRÊNE (*Acer negundo*). Arbre de l'Amérique septentrionale, le seul de son genre à feuilles ailées; elles ont cinq folioles assez semblables à celles du frêne.

ÉRABLE A SUCRE (*Acer saccharinum*). Ses feuilles, à cinq lobes aigus et dentés, sont d'un vert foncé en dessus, plus pâles en dessous, et portées par des pétioles rougeâtres. En Pensylvanie il rend une liqueur sucrée par des incisions qu'on fait à son tronc et à ses branches.

Érable de Montpellier (*Acer Monspessulanum*). Ses feuilles sont à trois lobes, et ne tombent qu'après avoir été frappées de la gelée.

Érable de Virginie a fleurs rouges (*Acer rubrum*). Arbre originaire de la Caroline et de Virginie. Ses feuilles sont grandes, à cinq lobes aigus et dentés, d'un beau vert en dessus, argentées en dessous; elles ne paraissent qu'après les fleurs, qui sont petites et rouges, et auxquelles succèdent des grappes pendantes de semences grandes, ailées, rouges aussi.

Érable plane (*Acer platanoïdes*). Ses feuilles sont à cinq lobes, luisantes, et vertes sur les deux surfaces; ses fleurs sont herbacées et en grappes à demi droites. On le trouve en France et en Norvège.

Érable griffon ou Patte d'oie (*Acer laciniosum*). Variété de l'*Erable plane*, à feuilles très-découpées, qui lui ont fait donner le nom qu'il porte.

Érable a feuilles panachées, variété de l'*Érable plane.*

Érable jaspé (*Acer Pensylvanicum*). Il se fait distinguer par son écorce verte, rayée de lignes très-blanches, et aussi par ses feuilles, les plus grandes du genre, découpées en trois lobes aigus; elles sont arrondies et ovales près de la pétiole.

FAUX-ÉBÉNIER. Voyez *Cytise des Alpes.*

FÉVIER D'AMÉRIQUE (*Gleditsia triacanthos*). Il est originaire du Canada ; on l'appelle aussi *Acacia triacanthos*, et simplement *Triacanthos.* Son tronc et ses branches sont armés d'épines nombreuses longues et fortes ; ses feuilles sont ailées, à folioles impaires, alternes, aiguës, très-petites, et répandant une odeur agréable lorsqu'on les froisse ; ses fleurs sont d'un blanc sale et de peu d'apparence.

Note. Il a été planté par NAPOLÉON, alors premier consul, et par JOSÉPHINE, l'an 1800, peu de temps avant la bataille de Marengo.

FILARIA A LARGES FEUILLES (*Phyllyrea latifolia*). Arbrisseau très-rameux, fastigié, toujours vert ; ses fleurs, d'un blanc verdâtre, latérales, nombreuses, paraissent en mars ; ses baies sont noires.

FILARIA A FEUILLES ÉTROITES (*Phillyrea angustifolia*). Son écorce est marbrée de gris.

FRÊNE PENDANT, PLEUREUR OU PARASOL (*Fraxinus pendula*). Il est d'un aspect extrêmement singulier par ses branches, dirigées d'abord vers le ciel, et se courbant ensuite vers la terre.

FRÊNE DORÉ (*Fraxinus aurea*). Les branches

et surtout les jeunes rameaux sont d'un jaune brillant.

FUSAIN A LARGES FEUILLES (*Evonymus latifolius*).

GENÈVRIER-CÈDRE DE VIRGINIE. Cèdre rouge. (*Juniperus Virginiana*). Il est tantôt élevé et pyramidal, tantôt bas et irrégulier; ses feuilles sont ternées, réunies à leur base; ses baies sont bleuâtres.

GINKGO (*Salisburia. Salisburia adiantifolia. Ginkgo biloba*). Arbre originaire de la Chine et du Japon, appelé par quelques-uns *Arbre de Gordon*, parce que Gordon passe pour l'avoir fait connaître le premier en Europe, et appelé par les pépiniéristes *Arbre aux quarante écus*, parce que ç'a été son premier prix. Il est remarquable par ses feuilles pétiolées, lisses, cunéiformes, divisées en deux lobes crénelés. Ses fleurs, connues seulement depuis qu'il en a donné en 1796, au jardin de Kew, sont unisexuelles, habitent sur le même arbre, et ne sont d'aucun effet. Les fleurs mâles sont placées sur un chaton filiforme. Les fleurs femelles sont solitaires, et donnent naissance à des fruits qui sont des noix grosses comme des prunes de damas, renfermant chacune une amande blanche, bonne à manger.

HALESIE A QUATRE AILES (*Halesia tetraptera*).

Joli arbrisseau de la Caroline. Ses fleurs paraissent en mai avant le parfait développemeut des feuilles. Elles sont nombreuses, pendantes, réunies trois ou quatre ensemble, d'un blanc pur.

Hêtre, Fouteau ou Foyard (*Fagus*): à feuilles pourpres (***Fagus purpurea***) ; à feuilles cuivrées (***Fagus cuprea***); à feuilles de fougère.

Houx panaché (*Ilex*).

Kalmia a feuilles étroites (*Kalmia angustifolia*). On le doit à M. Collinson, qui l'introduisit en Angleterre en 1736. Il vient du Maryland, de la Caroline et de Virginie.

Koelreuteria. Voyez *Savonnier paniculé*.

Magnolia. Magnolier. Genre de la Polyandrie polygyne. Ce genre a été consacré à la mémoire de *Magnol*, célèbre botaniste français.

Magnolia a fleurs de deux couleurs (*Magnolia discolor* ou *purpurea*). « Thunberg a trouvé à » l'île de Niphon ce *Magnolia* qu'on cultive pour » ornement à la Chine et au Japon. Ses fleurs » se voient en juin, sont grandes, inodores, » faites en cloche, d'un beau pourpre en dehors » et d'un blanc de lait pur intérieurement. Ce » bel arbrisseau fait, ainsi que presque tous les » autres *Magnolias*, partie de la belle collection » de S. M. l'impératrice-reine à Malmaison. » *Le bon Jardinier*, par M. De Launay, 1807.

MAGNOLIA A GRANDES FLEURS (*Magnolia grandiflora*). Cet arbre s'élève à trente mètres dans son pays natal ; il reste nain dans le climat de Paris. Son bois est aromatique, ses feuilles assez semblables à celles du Laurier-Cerise.

MAGNOLIA GLAUQUE, BLEU OU DE MARAIS (*Magnolia glauca*), appelé aussi *Arbre de Castor*, parce que cet animal est très-friand de son écorce. Il est introduit d'Amérique septentrionale en Europe depuis 1688. Il donne en juillet des fleurs blanches, larges de trois à quatre pouces, et d'une odeur très-suave.

MAGNOLIA PARASOL (*Magnolia tripetala* ou *Umbrella*). Il doit son nom à la disposition de ses feuilles. placées et courbées en *parasol* au bout des rameaux. Ses fleurs sont très-grandes, blanches, et d'une odeur peu agréable.

MAGNOLIA POURPRE.

MAGNOLIA YU-LAN (*Magnolia conspicua*). Ses feuilles sont ovales et longues de cinq à sept pouces ; ses fleurs paraissent en avril, avant les feuilles; elles sont grandes, blanches, de sept à neuf pétales, d'une odeur douce, mais elles sont souvent atteintes par les gelées du printemps.

MÉLÈZE TOUJOURS VERT (*Laryx Cedrus* ou *Pinus Cedrus*). Très-grand arbre résineux, qu'on ne voit croître naturellement que sur la montagne du Liban, dans l'Asie mineure. Il vit plusieurs siècles, et son bois passe pour incorruptible.

Note. Il a été planté par Napoléon et Joséphine, en même temps que le Févier d'Amérique.

MICOUCOULIER DE PROVENCE, ou CELTIS COMMUN (*Celtis australis*). Ses branches sont pendantes à peu près comme celles du Saule-Pleureur; ses feuilles ressemblent assez à celles de l'Orme, mais elles sont plus longues, plus pointues, dentelées sur les bords, vertes en dessus, blanchâtres en dessous; ses fleurs ont peu d'apparence, et produisent un petit fruit noir et rond, qui n'est point vénéneux, comme on l'avait cru.

MILLE-PERTUIS A GRANDES PLEURS (*Hypericum calycinum*). Il vient du Levant. Ses feuilles sont grandes, sessiles, ovales, couvertes de points transparens. Ses fleurs, qui paraissent de juin en septembre, sont très-ouvertes, d'un beau jaune, et remplies de longues étamines jaunes.

MURIER BLANC (*Morus alba*). Son feuillage tendre et léger est la nourriture du ver à soie.

NÉFLIER-AZÉROLIER (*Mespilus Azarolus*). Il est originaire du Levant, et naturalisé en Italie et dans la France méridionale, où l'on mange son fruit, qu'on y appelle, ainsi que l'arbre lui-même, *Pommette*. Ses fleurs sont blanches et en bou-

Néflier Ergot-de-Coq (*Mespilus Crus-Galli*). Il est de Virginie. Son nom lui vient de la forme de ses épines longues et aiguës, ressemblant à des *ergots de coq*. Ses fleurs, blanches et en bouquet, paraissent en mai et en juin comme celles des autres.

Néflier Pyracanthe ou Buisson-ardent (*Mespilus Pyracantha*). C'est à ses fruits nombreux et formant une masse de rouge-feu, qu'il doit ses noms de Buisson-ardent et de *Pyracantha* (*pyr*, feu, *achantha*, épine). Cet arbrisseau vient de la France méridionale ; ses feuilles, lancéolées-ovales, sont très-nombreuses et presque persistantes. En mai on voit ses fleurs blanches teintes de rose, nombreuses, en corymbes axillaires.

Negundo. Voyez *Érable à feuilles de frêne*.

Noyer noir (*Juglans nigra*). De l'Amérique septentrionale. Ses feuilles sont très-longues; ses fleurs mâles sont en chatons cylindriques, grêles et pendans; drupe globuleux, renfermant une noix très-dure, dont les cloisons sont ligneuses; son bois est dur, excellent pour les ouvrages de menuiserie.

Noyer cendré (*Juglans cinerea*). De la Louisiane. Il ressemble au Noyer noir par son feuillage, mais il est moins élevé; ses feuilles sont plus rudes, plus pubescentes, à dentelures plus serrées; ses fruits ovales-oblongs, velus et visqueux.

Olivier de Bohême (*Elœagnus angustifolia*). Arbre originaire du Levant et naturalisé dans la France méridionale ; ses nombreux rameaux sont couverts d'un duvet blanc et argenté; ses feuilles sont alternes, lancéolées-ovales; ses fleurs, que l'on voit en juin, sont petites, jaunâtres, d'une odeur forte et agréable, et donnent des fruits semblables à des olives.

Pavia, appelé ainsi du nom d'un botaniste hollandais, fut connu en Angleterre vers l'an 1730. Linné l'appelle *Æsculus Pavia ;* il a le port du marronnier d'Inde, mais il est bien moins grand; ses feuilles sont aussi digitées, ses fleurs disposées de même. Il y a le Pavia à fleurs jaunes et le Pavia à fleurs rouges.

Peuplier-tremble (*Populus tremula*). Ses feuilles sont agitées par le moindre vent, d'où son surnom.

Peuplier pyramidal, d'Italie, de Lombardie (*Populus fastigiata*). Il fut apporté de Lombardie en France en 1749. Il s'élève très-haut et très-droit : ses rameaux serrés lui donnent une forme *pyramidale*.

Peuplier de la Caroline (*Populus angulata*). Il

croît naturellement dans la Caroline ; ses jeunes rameaux sont anguleux ; ses feuilles sont superbes, plus larges que la main et les plus grandes du genre.

Pin laricio. Pin de Corse (*Pinus laricio*). Sa forme est pyramidale. Il est originaire de Corse, d'où il a été introduit en France par M. Turgot, du temps qu'il était contrôleur-général.

Pin a pignon. Ses cônes, appelés vulgairement *Pommes-de-Pin*, contiennent des *pignons doux* recherchés pour l'office et les médicamens. Il est naturel aux régions méridionales de l'Europe.

Pin du lord Weimouth. Pin blanc du Canada (*Pinus strobus*). On le trouve dans plusieurs parties de l'Amérique septentrionale. Ses feuilles, minces, fort longues, et sortant cinq ensemble de la même gaîne, formant des touffes au bout des branches.

Pivoine en arbre. Il vient de la Chine.

Plaqueminier de Virginie (*Diospyros Virginiana*). Arbrisseau de la Caroline, dont les feuilles sont assez semblables à celles du Poirier. Ses fleurs, petites, solitaires, verdâtres, deviennent des baies assez grandes, longuettes, réunies trois ou quatre, jaunâtres, diaphanes et mangeables.

Platane d'Orient (*Platanus Orientalis*). Ses

fleurs paraissent en mai, et sont mâles ou femelles, mais séparées quoique sur le même individu. Les fleurs femelles deviennent des fruits ramassés en têtes globuleuses et pendantes à un pédicule long et filiforme.

Platane d'Occident ou de Virginie (*Platanus Occidentalis*). Il vient de l'Amérique septentrionale; sa tige est noueuse, ses feuilles sont grandes, et garnies en dessous d'un duvet très-fin qui, se détachant facilement par les secousses ou le frottement réciproque, cause une toux fort incommode, et quelquefois fait cracher le sang.

Pommier a bouquet ou de la Chine (*Malus spectabilis*). Charmant arbrisseau à fleurs semi-doubles, et qui produit des pommes extrêmement petites, mangeables en les faisant mûrir sur la paille. Ses boutons sont du plus beau carmin, et restent long-temps dans cet état; ses fleurs paraissent en mai; elles sont blanches, lavées de rose et fort grandes; elles durent long-temps si l'arbre est à l'ombre.

Pommier baccifère ou de Sibérie (*Malus baccata*). Ses fleurs sont grandes et en bouquets, à odeur agréable; les fruits sont petits et ombiliqués.

Ptéléa a trois feuilles (*Ptelea trifoliata*). Vulgairement Orme de Samarie, Orme à trois feuilles ; famille des *Térébinthacées.* Les feuilles de ce grand arbrisseau du Canada sont à trois folioles ovales-aiguës, et d'un beau vert ; ses fleurs, rassemblées en grandes panicules, produisent des semences enveloppées comme celles de l'orme. Catesby envoya les premiers en Angleterre en 1724.

Rhododendron d'Amérique (*Rhododendron maximum*).

Rhododendron Pontique ou a fleurs violettes (*Rhododendron Ponticum*).

Robinia-Acacia Visqueux (*Robinia viscosa*). Cet arbrisseau est épineux seulement dans sa jeunesse ; ses rameaux sont enduits d'une glu très-collante ; ses feuilles sont alternes, pétiolées, ailées, à dix-neuf folioles aussi alternes ; ses fleurs sont roses, inodores et en grappes solitaires, axillaires et pendantes.

Robinia-Caragana. Genre robinier ; espèce d'Acacia. Il vient de Sibérie, et produit des fleurs jaunes en petites grappes de trois à six fleurs, qui paraissent au mois de mai.

Sapin-Epicea, ou Epicia de Norvège (*Abies Picea*, ou *Pinus Abies*). Il fournit le bois si connu et si employé, et la poix : c'est d'où lui a été donné le nom de *Picea*.

Sapin commun ou a feuilles d'if (*Abies taxi-

folia. Pinus Picea). Ses feuilles, d'un vert foncé en dessus, sont blanches en dessous, d'où lui vient les noms de SAPIN BLANC et SAPIN ARGENTÉ.

SAVONNIER PANICULÉ (*Kœlreuteria paullonoïdes; paniculata. Sapindus sinensis*). Il vient de la Chine. Il est agréable par ses feuilles ailées, à folioles impaires. Ses fleurs paraissent en juin; elles sont d'un beau jaune, à quatre pétales munis chacun d'un appendice, ce qui les fait paraître doubles.

SERINGA. Voyez *Syringa*.

SUMAC DE VIRGINIE, SUMAC AMARANTE (*Rhus typhinum*). Ses rameaux sont pubescens, ses feuilles grandes, ailées, glauques en dessous; beaux panicules de fleurs rouges, ressemblant assez à une tête d'amarante.

SUMAC FUSTET (*Rhus cotinus*). Il est de la France méridionale. Ses feuilles sont simples, arrondies, à odeur de citron; ses fleurs sont petites, paniculées, et leurs pédoncules s'allongent tellement après la floraison, qu'ils forment d'élégans panaches très-pittoresques.

SOPHORA JAPONICA OU DU JAPON. Ses fleurs, en grappes et d'un blanc sale, paraissent en juillet.

SORBIER HYBRIDE (*Sorbus Hybrida*). Ses feuilles sont cotonneuses en dessous, ses fleurs sont en corymbe et blanches. Il croît en Laponie, en Suède, etc. Il fleurit en mai.

Sureau a grappes (*Sambucus racemosa*). Son agrément consiste dans ses baies, rouges comme des groseilles, et déposées en grappes. Il vient de la France méridionale et d'Italie. Il est quelquefois attaqué par les gelées du printemps.

Sureau d'eau. Voyez *Viorne-Obier*.

Sureau du Canada (*Sambucus Canadensis*). On l'appelle aussi le *Sureau de tous les mois*, parce que ses fleurs durent et se succèdent plus longtemps que dans les autres espèces.

Syringa ordinaire, ou odorant (*Philadelphus coronarius*). Il est originaire de la France méridionale. Son odeur est agréable, mais forte.

Syringa inodore (*Philadelphus inodorus*). Il a été trouvé par Catesby en Caroline, près des cataractes de la Savanche.

Tilleul argenté (*Tilia argentea*). Il est connu en Angleterre depuis 1767, et envoyé à M. Thouin par M. Aiton, en 1798; ses feuilles sont couvertes en dessous d'un duvet épais, cotonneux et blanc, qui leur donne un air argenté lorsque le vent les agite.

Tulipier de virginie (*Liriodendron Tulipifera*). Ses fleurs paraissent en juin et juillet. Le bois est aromatique.

VIORNE-LAURIER-TIN (*Viburnum Tinus*). Il est originaire d'Espagne, très-rameux, fort agréable par le grand nombre de ses feuilles pétiolées, opposées en croix, d'un vert foncé et luisant. A la fin de l'automne et pendant l'hiver, il est couvert de corymbes de fleurs nombreuses, rouges en dehors, blanches en dedans.

VIORNE-OBIER (*Viburnum Opulus*), appelé aussi SUREAU-D'EAU. Les feuilles sont assez semblables à celles de l'Erable. Ses fleurs sont légèrement odorantes, blanches et disposées en corymbe; des baies rouges leur succèdent.

Il a une variété à fleurs très-blanches, ramassées en boules, appelée à cause de cela *Boules et Pelottes de Neige*, Rose de Gueldre, Caillebote et Obier, à fleurs doubles (*Viburnum Opulus sterilis*). Cet abrisseau se couvre de fleurs au mois de mai.

FIN.

www.ingramcontent.com/pod-product-compliance
Ingram Content Group UK Ltd.
Pitfield, Milton Keynes, MK11 3LW, UK
UKHW020531180726
13839UKWH00005B/2439

9 782329 595412